前沿、大气、不拘一格的
客厅案例精粹
集亲情互动、待客娱乐于一体的
全能客厅空间设计

简约 简欧
现代 混搭

全能客厅

设计精粹第2季

全能客厅设计精粹第2季编写组 编

客厅
电视墙设计

客厅现已成为大多数家庭的多功能综合性活动场所，既是用来招待客人的地方，又是一家人待在一起最久的地方。“全能客厅设计精粹第2季”包含了大量优秀的客厅设计案例，包括《客厅电视墙设计》《紧凑型客厅设计》《舒适型客厅设计》《奢华型客厅设计》《客厅顶棚设计》五个分册。每个分册穿插材料选购、设计技巧、施工注意事项等实用贴士，言简意赅，通俗易懂，旨在让读者对家庭装修中的各环节有一个全面的认识。

图书在版编目（CIP）数据

客厅电视墙设计 / 《全能客厅设计精粹》编写组编. — 2版. — 北京 ：机械工业出版社，2015.6
（全能客厅设计精粹. 第2季）
ISBN 978-7-111-50893-9

Ⅰ. ①客… Ⅱ. ①全… Ⅲ. ①客厅－装饰墙－室内装饰设计－图集 Ⅳ. ①TU241-64

中国版本图书馆CIP数据核字(2015)第162690号

机械工业出版社（北京市百万庄大街22号　邮政编码 100037）
策划编辑：宋晓磊　　责任编辑：宋晓磊
责任印制：李　洋　　责任校对：白秀君
北京汇林印务有限公司印刷

2015年8月第2版第1次印刷
210mm×285mm · 7印张 · 194千字
标准书号：ISBN 978-7-111-50893-9
定价：34.80元

凡购本书，如有缺页、倒页、脱页，由本社发行部调换
电话服务　　网络服务
服务咨询热线：(010)88361066　　机工官网：www.cmpbook.com
读者购书热线：(010)68326294　　机工官博：weibo.com/cmp1952
(010)88379203　　教育服务网：www.cmpedu.com

金书网：www.golden-book.com

目录 Contents

电视墙的设计原则

电视墙的设计以简洁明快为好。墙面是人们视线经常停留的地方，是进门后视线的焦点，就像一个人的脸一样，略施粉黛，便可给人耳目一新的感觉。

电视墙的色彩运用要合理。电视墙颜色的选择应与整体的装修、家具的颜色相协调。基于色彩的饱和度、明度不同，还能形成不同的空间感，可产生前进、后退、凸起、凹进的效果。例如，明度高的暖色给人以凸起、前进的感觉，明度低的冷色给人以凹进、远离的感觉。

在设计电视墙时，要遵循以业主为中心的设计原则，即根据业主的职业、爱好等因素展开。例如，年轻人倾向于选择较为明亮的色泽作为电视墙整体的装修基色。而年长些的或性格内向些的人，就可能选择冷色调作为电视墙装修的基调。

客厅电视墙设计

简约

黑镜装饰线

木质搁板

条纹壁纸
木质搁板

车边灰镜
条纹壁纸

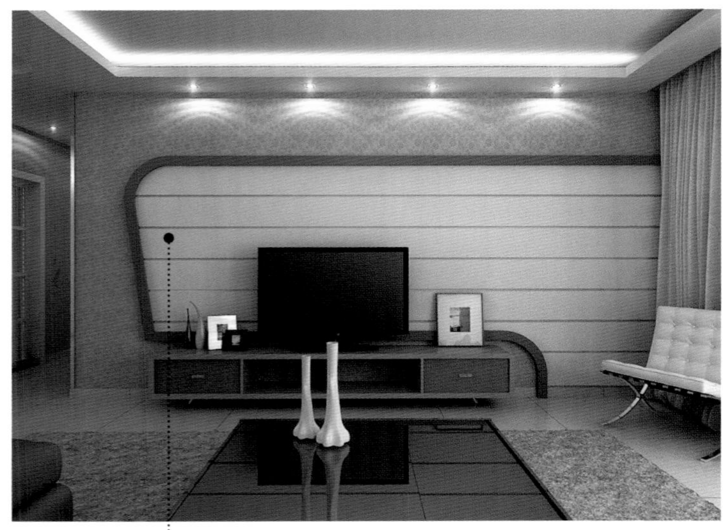
白枫木饰面板

木质搁板

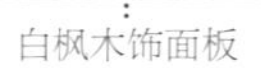

爵士白大理石

白色人造大理石

白枫木饰面板

水曲柳饰面板

爵士白大理石

白色乳胶漆

条纹壁纸

白色玻化砖

白枫木饰面板

木纹大理石

装饰灰镜

白枫木装饰立柱

中花白大理

黑色烤漆玻璃

石膏板拓缝

木质搁板

条纹壁纸

白色乳胶漆

陶瓷锦砖

白枫木窗棂造型贴银镜

条纹壁纸

爵士白大理石

红色烤漆玻璃

胡桃木装饰线密排

电视墙设计应注重整体性

服务于设计风格，又突出强化设计风格，这是电视墙的作用。电视墙的装饰材料很多，有木质、天然石、人造文化石及布料。对于电视墙而言，采用什么材料并不重要，重要的是造型的美观及对整个空间的影响。

客厅电视墙作为整个居室的一部分，自然会抓住人们的视线，但是绝对不能为了单纯地突出个性而让墙面与整体空间产生强烈的冲突。电视墙应与周围的风格融为一体。通过细节化、个性化的处理，让电视墙融入整体空间的设计理念。

电视墙的整体呼应也很重要。电视墙如果居于墙面的中心位置，那么应考虑与电视机的中心相呼应；电视墙如果倾向于墙的左、右位置，那么应考虑沙发背景墙是否有必要做类似元素的造型以进行呼应。

茶色烤漆玻璃

黑色烤漆玻璃

密度板雕花贴银镜

黑镜装饰线

中花白大理石

密度板雕花贴银镜

仿文化砖壁纸

印花壁纸

密度板拓缝

有色乳胶漆

米色网纹大理石　肌理壁纸

白色乳胶漆　肌理壁纸

米色网纹大理石　石膏板拓缝　印花壁纸

人造石踢脚线

胡桃木饰面板

有色乳胶漆

木质搁板

茶色烤漆玻璃

白色釉面墙砖

艺术墙贴

石膏饰面板

有色乳胶漆

木质搁板

白枫木格栅

有色乳胶漆

密度板雕花
羊毛地毯

泰柚木饰面板

陶瓷锦砖

密度板拓缝

白枫木格栅

木质装饰立柱

木纹大理石

爵士白大理石

装饰灰镜

石膏饰面板

白色玻化砖

白色人造大理石

石膏板拓缝

装饰灰镜

不锈钢装饰线

密度板雕花贴茶镜

条纹壁纸

如何设计实用型电视墙

将电视墙设计成装饰柜的样式是当下比较流行的装饰手法，它兼具一定收纳功能，可以敞开，也可封闭，但整个装饰柜的体积不宜太大，否则会显得厚重而拥挤。有的年轻人为了突显个性，会在装饰柜门上即兴涂鸦，这也是一种独特的装饰手法。如果客厅面积不大或者家里杂物很多，收纳功能就不可忽略。即使想要打造一面体现业主风格的电视墙，也要尽量带有一定的收纳功能，这样可以令客厅显得更加整洁。同时，在装修的时候不要只考虑收纳的功能性，也应该注意收纳部位的美观性，突出电视墙的装饰性。

木质搁板

黑色烤漆玻璃

印花壁纸

木质搁板

石膏板

桦木饰面板

爵士白大理石

雕花烤漆玻璃

胡桃木装饰线密排

车边银镜

灰白色网纹玻化砖

白色人造大理石

肌理壁纸
黑色烤漆玻璃

印花壁纸

印花壁纸

木质搁板

肌理壁纸

米黄色网纹大理石

艺术墙砖
木质踢脚线

装饰灰镜
米色大理石

爵士白大理石

白枫木饰面板

密度板雕花隔断

石膏饰面板

密度板雕花贴茶镜

白色釉面墙砖

装饰灰镜

密度板雕花

装饰银镜

装饰茶镜

有色乳胶漆

木质搁板

合理确定客厅电视墙的面积

客厅电视墙作为视觉的焦点，在设计时要注意其面积应与整个客厅的空间比例相协调，要考虑在客厅不同角度所观看的视觉效果，不能过大，也不能过小。

如果客厅面积较大，电视墙的墙面也很宽，在设计的时候可以适当对墙体进行一些几何分割，在平整的墙面上塑造出立体的空间层次，既可以起到点缀、衬托的作用，也可以起到区分墙面功能的作用。

如果客厅面积较小，电视墙的墙面也很狭窄，在设计的时候就应该运用侧重简洁、突出重点、增加空间进深的设计方法，如选择能够营造深远意境的色彩，以起到调整视觉感受和完善空间效果的作用。

白枫木装饰线

印花壁纸

木纹大理石

水曲柳饰面板

肌理壁纸

装饰银镜

印花壁纸

白枫木格栅

白枫木饰面板拓缝

有色乳胶漆

肌理壁纸

雕花烤漆玻璃

装饰灰镜

水曲柳饰面板

肌理壁纸

木纹大理石

黑色烤漆玻璃

中花白大理石

白枫木装饰线　　肌理壁纸

白色抛光墙砖

装饰灰镜

密度板雕花隔断

白色釉面墙砖

白枫木饰面板拓缝

密度板雕花隔断

条纹壁纸

陶瓷锦砖

爵士白大理石

石膏板拓缝

石膏板浮雕
印花壁纸
黑镜装饰线
白色乳胶漆
印花壁纸
黑色烤漆玻璃

白枫木装饰线

印花壁纸

白枫木装饰线

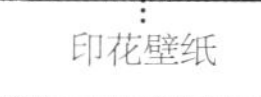

印花壁纸

印花壁纸

白色乳胶漆

中花白大理石　　黑色烤漆玻璃

装饰银镜

印花壁纸

艺术墙贴

米黄色釉面墙砖

通过电视墙改变客厅的视觉进深

客厅电视墙以距离沙发3m左右为佳，这是人眼观看电视的最佳距离，进深过大或过小都会造成人的视觉疲劳。如果电视墙的进深大于3m，那么在设计时电视墙的宽度要尽量大于这个距离，墙面装饰也应该丰富些，可以通过贴壁纸、挂装饰壁画的方式来改变视觉上的空旷感。如果客厅较小，电视墙到沙发的距离不足3m，这时候可运用错落疏离的空间设计方法，在视觉上给人后退的感觉。

客厅电视墙设计

简欧

白色抛光墙砖

车边银镜

白枫木装饰线

米色大理石

绯红色云纹大理石

车边灰镜

白枫木饰面板

白枫木装饰线

有色乳胶漆

米色网纹大理石

木质踢脚线

白枫木装饰线

雕花茶镜

米色大理石

雕花银镜

车边茶镜

皮革软包　印花壁纸

彩色釉面墙砖

印花壁纸

白枫木饰面板

肌理壁纸

布艺软包

车边银镜

陶瓷锦砖

雕花烤漆玻璃

印花壁纸

装饰茶镜

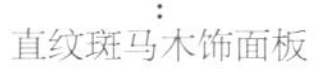

直纹斑马木饰面板

米色网纹大理石

车边银镜

米黄色网纹大理石

皮革软包

电视墙的省钱设计

一些隐蔽项目所需要的材料，一定要选择质量好的，如埋入电视墙内的电线等。如果贪图便宜，一旦出现问题，就会付出很大的代价。而像挂在电视墙上的装饰品和灯具等，可以选择价位相对较低的，因为这些物品即使坏了，修理起来也比较方便，更换新的也不会心疼，这样就会为装修节省部分开支。

黑色烤漆玻璃

米黄色网纹大理石

米色洞石

白枫木饰面板

白枫木饰面板

白色乳胶漆

云纹大理石

米黄色网纹大理石

成品铁艺隔断

车边茶镜

浅咖啡色网纹玻化砖

装饰茶镜

米白色网纹大理石

布艺软包

白枫木饰面板

布艺软包

雕花茶镜

爵士白大理石

米色网纹大理石

灰白色洞石

米黄色玻化砖

米黄色网纹大理石

皮革软包

车边银镜 爵士白大理石装饰线

镜面锦砖

雕花银镜

车边黑镜

装饰银镜

雕花银镜

木纹大理石

皮革软包

白色抛光墙砖

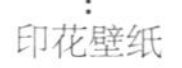

印花壁纸

米色大理石

镜面锦砖

电视墙的造型设计

电视墙的造型分为对称式、非对称式、复杂式和简洁式。对称式给人规律、整齐的感觉；非对称式比较灵活，给人以个性化很强的感觉；复杂式和简洁式都需要根据具体风格来定，以与整体风格相融洽为最佳。

电视墙的造型设计需要实现点、线、面的结合，与整个环境的风格和色彩相协调。在满足使用功能的同时，也要恰到好处地反映装修风格，烘托环境氛围。例如，客厅电视墙一般是客厅的视觉中心，过于平整会使空间的视觉层次减少，令空间单调。从功能上来讲，平面也易使声音成倍数级传递，产生回声共振，不利于获得好的音响效果。只有立体或浮雕的墙面，才能同影院和音乐厅一样，使声波发生漫反射，产生完美的混响效果。

深咖啡色网纹大理石装饰线

装饰茶镜

印花壁纸

印花壁纸

车边银镜

泰柚木饰面板

肌理壁纸
米色玻化砖

中花白大理石
雕花银镜

车边银镜

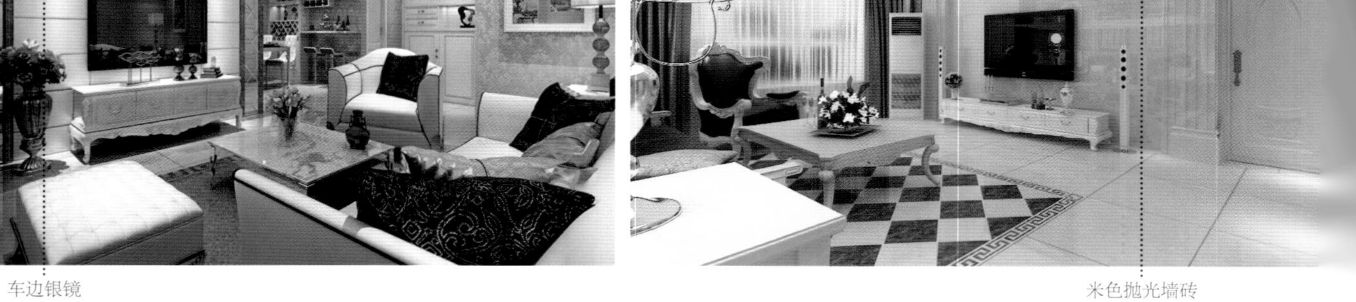
米色抛光墙砖

雕花银镜

米黄色大理石

装饰茶镜

深咖啡色网纹大理石

米黄色网纹大理石

密度板雕花贴茶镜

印花壁纸

深咖啡色网纹大理石

木纹大理石

车边银镜

米黄色大理石

米色大理石

装饰灰镜

车边银镜

白枫木饰面板

印花壁纸

车边银镜

中花白大理石

印花壁纸

白枫木装饰线

雕花烤漆玻璃

木纹大理石

米色大理石

铁锈红网纹大理石

电视墙的色彩设计

采用不同色彩装饰的电视墙所表达的空间性格是不同的，例如，黑、白、灰色系能营造静谧、严谨的气氛，也可展现简洁、现代和高科技的风格；浅黄色、浅棕色等亮度较高的色系，可以带来清新、自然的气息；艳丽丰富的色彩则可以营造热烈、激情的氛围。

电视墙的色彩设计一定要尊重业主的视觉感受。此外，电视背景墙的色彩选择还应考虑室内光线、层高、材质和风格的影响。色彩只有与材质固有的颜色相和谐，才能装饰出理想的效果。

印花壁纸

肌理壁纸

木纹大理石

黑白根大理石波打线

印花壁纸

银镜装饰线

车边银镜

直纹斑马木饰面板

印花壁纸

装饰茶镜

水曲柳饰面板

中花白大理石

砂岩浮雕

米色玻化砖

黑镜装饰线

白色玻化砖

艺术墙砖

陶瓷锦砖

米黄色网纹大理石

印花壁纸

米黄色网纹大理石

车边银镜

中花白大理石

车边银镜

印花壁纸

爵士白大理石

密度板雕花贴蓝镜

密度板雕花隔断

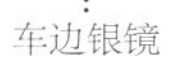

车边银镜

车边银镜

灰白色网纹大理石

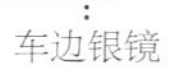

车边银镜

米色大理石

米色网纹大理石

装饰灰镜

深咖啡色网纹大理石

中花白大理石

黑色烤漆玻璃

布艺软包

木质装饰线描银
米色网纹大理石

雕花灰镜

白枫木饰面板

米色网纹大理石

如何打造电视墙的装饰质感

电视墙的装饰质感在空间氛围的营造上是非常重要的。质感是材料的表面组织结构、花纹图案、颜色、光泽、透明度等给人的一种综合感觉。装饰材料的软硬、粗细、凹凸、轻重、疏密、冷暖等影响着材料的质感。选用具有自然纹理的石材做电视墙，可营造出返璞归真、安静惬意的居室氛围；采用玻璃与金属材料做电视墙，能给客厅带来很强的现代感。

客厅电视墙设计

现代

密度板雕花贴黑镜

不锈钢装饰线

红樱桃木饰面板

强化复合木地板

白枫木饰面板拓缝

木纹大理石

石膏板肌理造型

装饰银镜

装饰茶镜

白枫木饰面板

白枫木饰面板

装饰银镜

黑色烤漆玻璃

条纹壁纸

黑色烤漆玻璃

肌理壁纸

白枫木装饰线

印花壁纸

密度板造型隔断

车边银镜

密度板雕花贴黑镜

木纹大理石

陶瓷锦砖

浅咖啡色网纹大理石

陶瓷锦砖

白枫木装饰立柱

装饰灰镜

白枫木装饰立柱

木质搁板

艺术墙贴

木纹大理石

磨砂玻璃

印花壁纸

雕花烤漆玻璃

米黄色网纹大理

电视墙的材质

1.木质材料。木质饰面板的花样单一，价格经济实惠，选用饰面板做电视墙，不易与居室内其他木质材料相抵触，清洁起来也十分方便。

2.天然石材。选用具有自然纹理的石材做电视墙，可营造出返璞归真、安静惬意的居室氛围，更有隔声、阻燃等作用。

3.玻璃、金属。采用玻璃与金属材料做电视墙，能给居室带来很强的现代感。虽然费用相对不高，但是施工难度较大。也有些消费者选用烤漆玻璃做电视墙，对于光线不太好的房间会有增强采光效果的作用。

4.壁纸、壁布。最近几年，壁纸、壁布的加工工艺都有了很大的提高，不仅注重环保性能，而且还有很强的遮盖力。用它们做电视墙，能起到很好的装饰效果，而且施工简易，更换起来也十分方便。

5.油漆、艺术喷涂。在电视墙上采用不同颜色的油漆构成对比，可以打破墙面的单调感，而且经济实惠。采用艺术喷涂做电视墙，其颜色会产生很强的视觉冲击力。

黑色烤漆玻璃

布艺软包

米色洞石

黑色烤漆玻璃

白枫木饰面板

雕花烤漆玻璃

白枫木装饰立柱

印花壁纸

木质踢脚线

木纹大理石

黑镜装饰线

肌理壁纸

白枫木装饰线密排

陶瓷锦砖拼花

密度板拓缝

密度板雕花隔断

白色抛光墙砖

雕花茶镜

白枫木装饰立柱

密度板雕花隔断

木质搁板

木纹大理石

手绘墙饰

陶瓷锦砖

爵士白大理石

文化石

装饰银镜

石膏板拓缝

木质搁板

石膏板拓缝

肌理壁纸

有色乳胶漆

银镜装饰线

肌理壁纸

白枫木装饰线

条纹壁纸

印花壁纸

密度板造型隔断

黑色烤漆玻璃

雕花烤漆玻璃

直纹斑马木饰面板

印花壁纸

印花壁纸

装饰灰镜

直纹斑马木饰面板

水曲柳饰面板

泰柚木饰面板

电视墙材质的组合

两种材质交替运用，可以将电视墙划分成多个区域，营造出别致的家居格调。

1.上、下采用两种材质。即电视墙的上方和下方采用不同的材质。为了获得突出的效果，可选用对比较强烈的材质。

2.上、中、下采用不同材质。即电视墙的上方和下方采用同一种材质，中间使用另外一种，可起到突出墙面视觉中心的作用。

3.纵向采用两种材质。两种材质纵向铺贴，这样可以更加突出电视墙的多变性。

4.两种材质叠加。即两种不同的材质叠加在一起。采用这样的装饰手法时要注意外面的一层材质需要具有一定的透明度。

茶色烤漆玻璃

石膏板拓缝

直纹斑马木饰面板

陶瓷锦砖

石膏板拓缝

白枫木饰面板

爵士白大理石

黑色烤漆玻璃

艺术墙贴

白枫木饰面板

陶瓷锦砖拼花

条纹壁纸

白枫木装饰线

布艺软包

雕花烤漆玻璃
肌理壁纸

密度板雕花隔断

装饰银镜

装饰茶镜

泰柚木饰面板

装饰灰镜

木纹大理石

密度板树干造型

有色乳胶漆

白枫木饰面板　　白枫木装饰立柱

木纹大理石

银镜装饰线

装饰银镜

石膏饰面板

密度板雕花贴黑镜

手绘墙饰

爵士白大理石

布艺软包

陶瓷锦砖

绯红色网纹大理石

有色乳胶漆

电视墙的照明设计

电视墙的照明设计多通过主要饰面的局部照明来处理，应与该区域的顶面灯光相协调，灯罩尤其是灯泡应尽量隐蔽。电视墙的灯光亮度要求不高，且光线应避免直射电视、音箱和人的脸部。收看电视时，有柔和的反射光作为基本的照明就可以了。

石膏饰面板

条纹壁纸

艺术墙贴

实木雕花隔断

米色大理石

装饰灰镜

白色釉面墙砖

木纹大理石

镜面锦砖

银镜装饰线

木纹大理石

陶瓷锦砖

密度板造型

印花壁纸

装饰茶镜

印花壁纸

条纹壁纸

密度板造型贴银镜

有色乳胶漆

装饰灰镜

肌理壁纸

石膏板拓缝

石膏板拓缝

木纹大理石

装饰银镜

水曲柳饰面板

黑色烤漆玻璃

白枫木格栅

车边银镜

白色乳胶漆

灰色烤漆玻璃

直纹斑马木饰面板

印花壁纸

红色烤漆玻璃

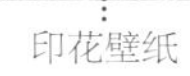

印花壁纸

石膏板拓缝

印花壁纸

白枫木装饰线

黑色烤漆玻璃

黑色烤漆玻璃
肌理壁纸

肌理壁纸

黑色烤漆玻璃

水曲柳饰面板

客厅电视墙设计 混搭

小户型电视墙的设计

小户型的面积有限，因此电视墙的面积不宜过大，颜色以深浅适宜的灰色为佳。在选材上，不适宜使用太过毛糙或厚重的石材类材料，以免带来压抑感。可以利用镜子装饰局部，起到扩大视野的效果，但要注意镜子的面积不宜过大，否则容易使人眼花缭乱。另外，壁纸往往可以带给小户型空间温馨多变的视觉效果，因此也深受人们的喜爱。

胡桃木饰面板

米色大理石

装饰灰镜

密度板拓缝

木质装饰线混油

有色乳胶漆

米色网纹大理石

水曲柳饰面板

雕花银镜

白色釉面墙砖

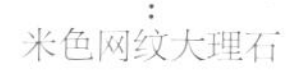

米色网纹大理石

印花壁纸

木质窗棂造型贴银镜

皮革软包

陶瓷锦砖

仿古墙砖

胡桃木装饰线

装饰灰镜

密度板拓缝

胡桃木格栅

白枫木格栅

木纹大理石

黑镜装饰线

米白色洞石

木质搁板　印花壁纸

肌理壁纸

胡桃木窗棂造型贴黑镜

雕花银镜

木质窗棂造型隔断

密度板雕花隔断

印花壁纸

装饰银镜

米黄色大理石

装饰灰镜

胡桃木装饰线

电视墙的布线

有线电视的信号线也称为视频信号线或闭路线。影碟机的信号线根据使用方式的不同而用几种线连接，有S端子线、分量线等，这些线都有相应的接线盒（带端头）。有线电视的视频线及影碟机的信号线都是弱电，都有屏蔽层，两种线即使挨在一起也不会有干扰。所以在布线时，这几种线都可以放在一根线管中。液晶电视机背部与影碟机、功放机等连接时，为了整洁，可用一根直径约为50mm的PVC管预先埋入墙内，管子的一头在电视机背后，另一头在电视柜背后。接线时，墙面上就看不到凌乱的信号线了。

米色网纹玻化砖

木纹大理石

印花壁纸

浅咖啡色网纹大理石

白色乳胶漆

文化石

印花壁纸

白枫木装饰立柱

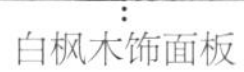

白枫木饰面板

米黄色网纹大理石

雕花灰镜

陶瓷锦砖

白枫木装饰线

镜面锦砖

白枫木装饰线

有色乳胶漆

印花壁纸

仿皮纹壁纸

胡桃木装饰立柱

印花壁纸

印花壁纸

泰柚木饰面板

印花壁纸

白枫木装饰线

车边银镜

雕花银镜

印花壁纸

仿古墙砖

白枫木装饰线

装饰灰镜

爵士白大理石

白枫木格栅

白枫木窗棂造型贴银镜

车边茶镜

彩色釉面墙砖

电视机悬挂墙面的选择

在挂平板电视之前，应先考虑墙壁的结构类型。墙面必须是实心砖、混凝土或与其强度等效的安装面。石膏板做的电视墙不适合挂电视，有脱落的隐患。一般开门窗较多的墙是非承重墙，在上面挂平板电视也是不安全的。一般来讲，房间的纵墙是较为安全的，如客厅里没有开门或开窗的完整墙面。

装饰银镜

深咖啡色网纹大理石

白色乳胶漆

手绘墙饰

中花白大理石

米色抛光墙砖

印花壁纸

白枫木装饰线

条纹壁纸

条纹壁纸

茶色烤漆玻璃

黑色烤漆玻璃

砂岩浮雕

印花壁纸

车边银镜

白枫木装饰线

印花壁纸

有色乳胶漆

红樱桃木饰面板

陶瓷锦砖拼花

白枫木装饰线

密度板雕花贴银镜

红樱桃木饰面板

陶瓷锦砖

陶瓷锦砖

皮革软包

皮纹砖 车边银镜

文化砖

水曲柳饰面板

条纹壁纸

车边茶镜

白枫木饰面板

车边银镜

米黄色釉面墙砖

印花壁纸

白色釉面墙砖

米色网纹大理石

黑色烤漆玻璃

条纹壁纸

红樱桃木饰面板

条纹壁纸

石膏板拓缝

印花壁纸

装饰灰镜

米色洞石

黑镜装饰线

红樱桃木饰面板

装饰银镜

茶镜装饰线

白枫木饰面装饰立柱

电视墙施工的注意事项

1.地砖的厚度。造型墙面在施工的时候，应该把地砖的厚度、踢脚线的高度考虑进去，使各个造型相互协调。如果没有设计踢脚线，面板、石膏板的安装就应该在地砖施工之后，以防受潮。

2.灯光的呼应。电视墙的造型一般应与顶面的局部吊顶相呼应，吊顶上一般会有灯，所以要考虑墙面造型与灯光的协调，还要注意避免强光照射到电视机，以免观看节目时引起眼睛疲劳。

3.空调插座的位置。有的房型的空调插座恰好位于电视墙上，施工时注意不要将空调插座封到电视墙内部，需要先把插座挪出来。

有色乳胶漆

陶瓷锦砖

密度板混油

米黄色网纹大理石

胡桃木饰面板

印花壁纸

白色乳胶漆

米色大理石

印花壁纸

文化石

陶瓷锦砖

白色釉面墙砖

有色乳胶漆

陶瓷锦砖

米黄色大理石

车边茶镜

米白色洞石

米色大理石

印花壁纸

印花壁纸

文化石

米色玻化砖

黑色烤漆玻璃

白枫木装饰线

有色乳胶漆

泰柚木饰面板

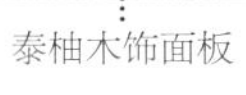

红樱桃木饰面板

米白色洞石

印花壁纸

条纹壁纸

白枫木饰面板

陶瓷锦砖

密度板雕花贴银镜

陶瓷锦砖

胡桃木饰面板

印花壁纸

印花壁纸